什么藏在了时间里？

等式跷跷板，两端必须平衡。

数学之门，等着你打开。

叁贰壹

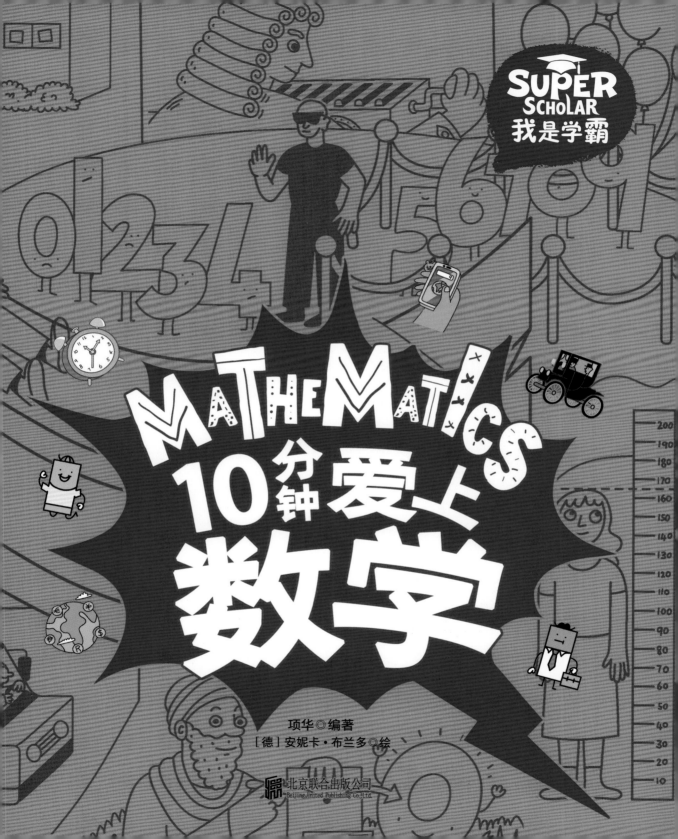

图书在版编目（CIP）数据

10 分钟爱上数学 / 项华编著 ；（德）安妮卡·布兰

多绘 . — 北京：北京联合出版公司，2021.9（2023.9 重印）

（我是学霸）

ISBN 978-7-5596-5449-6

Ⅰ . ① 1… Ⅱ . ①项… ②安… Ⅲ . ①数学 – 儿童读物

Ⅳ . ① O1–49

中国版本图书馆 CIP 数据核字 (2021) 第 143781 号

出 品 人：赵红仕

项目策划：冷寒风

作　者：项 华

绘　者：[德] 安妮卡·布兰多

责任编辑：夏应鹏

特约编辑：韩 蕾

项目统筹：李楠楠

美术统筹：田新培　纪彤彤

封面设计：罗 雷

北京联合出版公司出版

（北京市西城区德外大街 83 号楼 9 层　100088）

文畅阁印刷有限公司印刷　新华书店经销

字数 20 千字　720×787 毫米　1/12　4 印张

2021 年 9 月第 1 版　2023 年 9 月第 3 次印刷

ISBN 978-7-5596-5449-6

定价：52.00 元

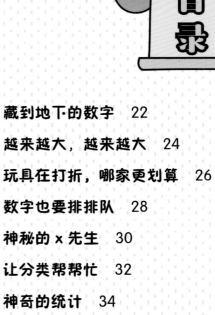

MATHEMATICS

欢迎来到数字王国

比利是一个喜欢数学的小男孩，晶晶是一只爱吃零食的小仓鼠。有一天，他们正在讨论没有数字的世界会变成什么样子。

要是世界上真的没有了数字，那可真是太麻烦啦！

播报电视时

足球赛上甲队到底进了几个球？

放牧时

牧民养了多少只羊？

乘坐电梯时

这个人要去第几层呢？

数字是一个相当庞大的家族，在这个家族里生活着很多成员。有整数、分数……我们最常用到的数字就是**整数**。

0是一个很独特的整数，人们最早用一个黑点表示0，它在数量上表示"什么也没有"。

呜呜呜！0都飞走了，我就没有100分了！

但0也扮演着许多重要的角色，它可以表示空位，把很多数字变得比原来更大，我们不能没有它。

世界通用的数字叫作**阿拉伯数字**，由0、1、2、3、4、5、6、7、8、9这十个整数组成。

阿拉伯数字虽然是由阿拉伯人传入欧洲的，但它们的发明者其实是古印度人。

整数还可以分为奇数和偶数。

偶数
我们都能被2整除。

奇数
我们不能被2整除。

看，我们的生活中到处都有数字的身影，数字真的是太重要啦！

每天早上妈妈都要送我坐386路公交车。

我的生日是5月9日。

妹妹和爸爸分别拿了第1层和第3层书架上的书。

疯狂的进制

很久很久以前，世界上还没有数字，为了计数，人们想出了很多办法。

有一些人学会了利用自己的手指和身体来计数。

后来人们又发现用绳子、石头等事物来计数会更加方便。渐渐地，人们发明了更加复杂的数字和符号，用来计数。

自然数是用来表示事物个数或次序的数。人们通常把大于等于0的整数都归为自然数。

学会结绳记事就能记住捕了几只野兽了。

凑齐10个，向十位进军！

为了用有限的符号来记录较大的数字，人们把数字按次序排成一行，里面的每个数字在不同的位置表示不同的大小。

= 10

111中有3个1，其中在个位上的1表示1个一，在十位上的1表示1个十，在百位上的1表示1个百。

百位	十位	个位
100	10	1

进制是带进位的计数方法，我们经常用到十进制，就是以10为基数，逢十进一位，把一个数字从右到左分为个位数、十位数、百位数等。

除了十进制，人们还发明了很多特别的计数方法，如二进制、十二进制、六十进制等。

十二进制是以12为基数的进位制，很多古老文明都使用十二进制来计时。从古巴比伦传到西方的黄道十二宫，就把一年分为了12个星座。

六十进制是以60为基数的进位制，源自古巴比伦。据说古巴比伦人最初以360天为一年，他们把时间和圆的角度结合到一起，得出了六十进制。

还有一些人根据出土的泥板猜测，古巴比伦人使用六十进制是因为60包含了2、5、12等常用数字。这一方法奠定了现今时间的计量标准。

罗马数字是最早的计数符号之一。

不同地区的人们使用的计数符号也各不相同。除了阿拉伯数字，计数符号还有很多种表现形式。

大写数字是中国特有的数字书写方式，多出现于银行的收据中。

二进制是用0和1两个数字来表示的进位制，它的基数为2，进位规则是逢二进一位。

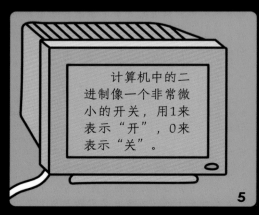

计算机中的二进制像一个非常微小的开关，用1来表示"开"，0来表示"关"。

怎么把4和5合起来呢？

4　5

太难了。

你好，加减乘除

虽然数字使用起来非常方便，但是人们不能直接把不同的数字联系在一起，只能用很复杂的文字进行说明，直到运算符号诞生。

人们发明了＋、－、×、÷等运算符号用在数学计算中。

加法是把两个或两个以上的数合起来。

2 ＋ 3 ＝ 5

加号

减法是从一个数中减去另一个数。

8 － 1 ＝ 7

减号

一个袋子里有两个苹果。　有三个这样的袋子。

2 × 3 ＝ 6

乘号

乘法是将相同的数快捷地加起来。

除法是把一个数分成相等的几部分。

除号

6 ÷ 2 ＝ 3

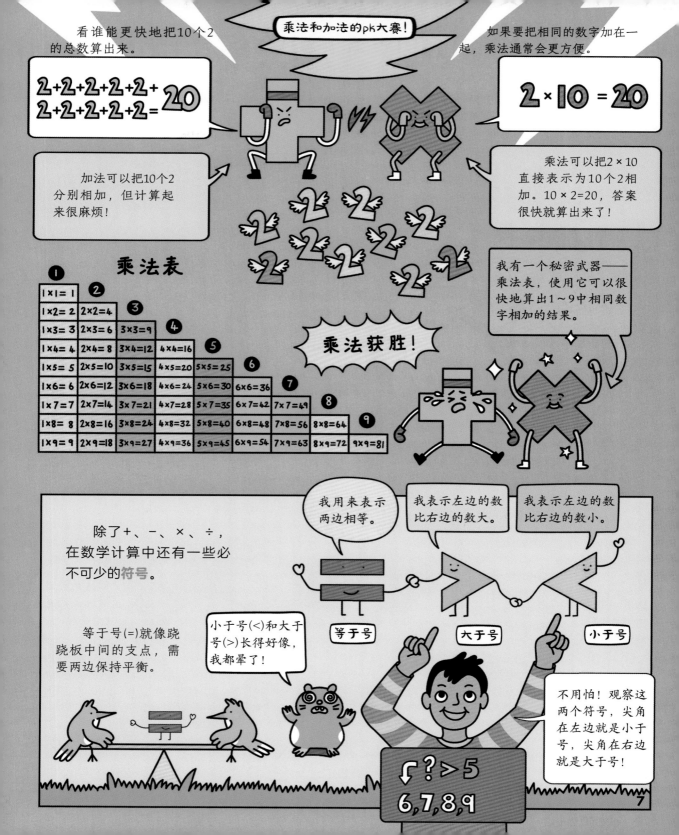

嘀嗒，时间去哪儿了

夜深了，比利已经进入了梦乡，但时间却还在一刻也不停地工作呢。

时间的运转和地球的运动息息相关，为了方便计时，我们将**一天**划分为24小时，使用的时间单位是**时、分、秒**。

地球自转一圈约为一天。

最短的针叫时针，是以小时为单位移动的指针。

长一些的针叫分针。是以分钟为单位移动的指针。

最长的针叫秒针，是以秒为单位移动的指针。

指针式钟表是一种精密的计时仪器，通常用12小时制来计时。每天，时针都会在表盘上绕两圈。

我们经常根据时间来安排我们的日常生活。现在，人们的生活越来越离不开时间了。

我跑完50米大概需要8秒钟。

我吃饭大概需要35分钟。

健康的睡眠时间大约是8个小时。

这里是中午11点半。

这里是晚上6点半。

数字钟通常用24小时制来计时。

由于地球一直在自转，所以不可能所有地方同时都是白天。为了方便计算，我们把全世界分成了24个时区。

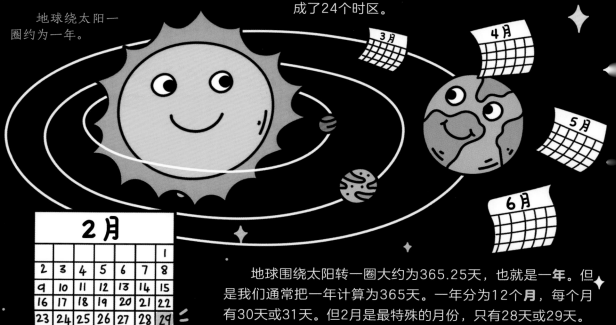

地球绕太阳一圈约为一年。

月历可以显示一个月内的时间。

地球围绕太阳转一圈大约为365.25天，也就是一**年**。但是我们通常把一年计算为365天。一年分为12个**月**，每个月有30天或31天。但2月是最特殊的月份，只有28天或29天。

每满100年为一个**世纪**，几乎每过一个世纪，世界就会发生翻天覆地的变化。

18世纪 蒸汽机诞生

19世纪 电灯诞生

20世纪 电脑诞生

手机诞生

它们也有单位吗

我们在日常生活和科学研究中，经常要接触到各种计量单位，如克、千克、秒等，它们时刻都在扮演着重要的角色。

45kg

比利买了一台体重秤，他站上去量了量，体重是45千克。

有些很轻的物品可以用克做单位，符号是g。

有些很重的物品可以用吨做单位，符号是t。

当我们表示物体有多重时，通常指物体的**质量**。千克是国际通用的质量单位，符号是kg。

货币是人们购买货物、充当交换媒介的特殊商品。中国使用的货币叫人民币，常用单位有元、角、分。我们可以把它们组合在一起得到我们想要的金额。

在购物结算时，我可以先给售货员一张面额比较大的人民币，然后让她找钱给我。

找你13.5元。

¥36.50

¥50

盐、贝壳、羽毛、宝石等是世界上最早的一批"货币"，它们方便携带，省去了人们以物换物的麻烦。

世界各国都有自己的货币，不同国家的货币可以互相兑换，但需要遵循一定的汇率。

如果想去国外，最好先根据汇率兑换那个国家的货币。

我的体重大概有3吨。

喔!

1 克 =5 克拉

感觉自己在闪闪发光。

有一种单位专门用来测量宝石的质量，叫作克拉。

人们发明了很多用于测量物体质量的工具，其中天平可以比较两种物体的质量。

沸腾

0℃

100℃

结冰

温度可以表示物体的冷热程度。温度的单位是摄氏度、华氏度等，其中摄氏度的符号是℃，华氏度的符号是℉。

温度计可以准确地显示物体的冷热。

速度用来表示物体运动的快慢。通过测量速度，我们可以轻而易举地推算出路程。国际标准的速度单位是米/秒（符号是m/s）。也有千米/时（符号是km/h）等其他单位。

人类跑步的速度约为10km/h。

乌龟爬行的速度约为0.07km/h。

猎豹奔跑的速度约为110km/h。

切分蛋糕
不再是难题

星期六是比利 8 岁的生日，爸爸妈妈给他买了一块大蛋糕，并且把蛋糕平均分成了 8 小块。

分子

分数线

分母

像 $\frac{1}{2}$、$\frac{1}{4}$、$\frac{1}{8}$ 这样的数，都叫**分数**。分数就是把单位 "1" 平均分成若干份，表示这样的一份或其中几份的数。通常由分子、分母和分数线三部分构成。

把一块大蛋糕平均分成8份，每份就是 $\frac{1}{8}$。

1 切一刀，每份占 $\frac{1}{2}$。

$\frac{1}{2}$

2 再切一刀，每份占 $\frac{1}{4}$。

$\frac{1}{4}$

4 吃了3块蛋糕，也就是所有蛋糕的 $\frac{3}{8}$，还剩 $\frac{5}{8}$。

$\frac{3}{8}$

$\frac{5}{8}$

3 再切两刀，每份占 $\frac{1}{8}$。

$\frac{1}{8}$

据说，古埃及的荷鲁斯之眼中，眼睛的每部分都代表了一个不同的分数，每个分数都是前一个分数的一半。

$\frac{1}{8}$

$\frac{1}{16}$　$\frac{1}{4}$　$\frac{1}{2}$

$\frac{1}{32}$

$\frac{1}{64}$

假分数是分子大于或等于分母的数。

真分数是分子比分母小的数。

$\frac{2}{2}$　$\frac{1}{2}$

$\frac{3}{2}$ = $\frac{1}{2}$

分数有假分数和真分数之分。带分数则是假分数的另外一种形式。

$\frac{3}{2}$是假分数。
$1\frac{1}{2}$是带分数。

分数可以是某个事物的部分，也可以是某些事物的一部分。

果汁还剩$\frac{1}{3}$。

黑绵羊占绵羊总数的$\frac{3}{5}$。

$\frac{7}{10}$ > $\frac{3}{10}$

如果分数的分母相同，则分子越大，分数越大。

如果分数的分子相同，则分母越小，分数越大。

$\frac{1}{5}$ < $\frac{1}{2}$

数字的"小尾巴"

你的身高没到1.4米，还不能坐过山车。

比利来到了游乐园，但他的心情非常糟糕。因为身高只有1.3米的他不能玩过山车了。

在测量和计算时，如果无法得到整数，通常就会用**小数**来表示。小数由三个部分组成，分别是整数部分、小数点和小数部分。

1	7.36	♡
2	8.12	🐱
3	8.78	✳

整数部分在小数点左边。

小数中的圆点叫作小数点，它是整数部分和小数部分的分界号。

小数部分在小数点右边。

以前没有小数的存在，人们只会用整数来表示数量，但慢慢地就发现了很多问题。

后来，小数出现了，解决了人们的很多难题。它还是分数的"好兄弟"，所有的分数都可以表示成小数。

这些多余的麦子要怎么计算呢?

0.5就是 $\frac{1}{2}$ 。

小数点看似不起眼，但却不能忽略它的作用。以前有一艘飞船不幸坠毁，就是因为在地面检查时忽略了一个小数点。

1585.726

37.8℃，你发烧了！

温度计上的刻度通常会精确到小数点后一位。如果体温超过了37.2℃，就需要注意是不是发烧了。

有限小数

小数点后的数字个数是有限的。

轮船长约45.72米。

无限小数

小数点后的数字个数是无限的。分为无限循环小数和无限不循环小数。

无限循环小数的小数部分从某一位起会循环重复出现。分数 $\frac{1}{3}$ 可表示为无限循环小数 0.3333…。

小数里的知识可真不少。

3.14159265358979…

无限不循环小数的小数部分有无限多个，并且不会循环。圆周率 π（3.1415926…）是一个常见的无限不循环小数。

π

15

四舍五入可以把一个数字转换成另外一个与之相近的数字，而只有大于等于5的数字才可以拿到进位的"入场券"。

当数字的最后一位是5～9时，则可以进位。

当数字的最后一位是0～4时，则不能进位。

$20 \div 8 = 2.5 \approx 3$

进一法是去掉多余部分的数字后，在最后一个数字上加1。这样得到的近似值会比实际数字大一些。

近似值是接近标准、接近完全正确的数字，我们通常用四舍五入、进一法和去尾法等方法求近似值。

一支笔是2.5元。

比利带了12元去买笔，他最多只能买4支。

¥10.0

我需要分装20块巧克力到盒子里，每个盒子能装8块，需要3个盒子。

8块　8块

$12 \div 2.5 = 4.8 \approx 4$

去尾法是去掉数字的小数部分的方法，得到的近似值比实际数字小一些。

4块

计算工具发展史

从古至今，人们发明了很多计算工具来帮助自己计算。

远古时期的人们习惯用手指计数，因为用十个手指头很方便。

手动式计算工具

但是用手指进行计算范围有限，计算结果也无法存储。于是人们使用石子等工具来延长手指的计算能力。

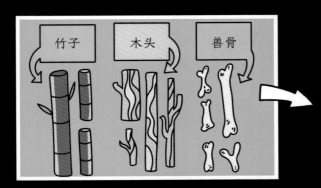

竹子　木头　兽骨

算筹是中国古代一种用来辅助运算的工具。主要用人们身边常见的竹子、木头、兽骨等材料制成，可以装在小袋子里。

17世纪时，英国数学家发明计算尺。能进行各种复杂的运算，被人们使用到电子计算器面世。

外国发明家发明的"算筹"叫作纳皮尔筹，它的每根木条都刻有数码，可根据计算的需要进行拼合或调换位置。

古代的记账先生们很喜欢使用算盘。

后来，人们又发明了算盘。他们在木框内镶上小立柱，再把算珠穿在上面，代表不同数值。算盘分为上下两栏，上栏两颗算珠，每颗表示5。下栏五颗算珠，每颗表示1。

机械式计算工具

现在，人们发明了电子计算机，它可以进行更加复杂的计算。电子计算机的功能已远远不只是一种计算工具，它几乎渗入了人类所有的活动领域，正改变着整个社会。

1642年，人类历史上第一台机械式计算工具——帕斯卡加法器诞生了！它能通过转动齿轮来实现加减运算。

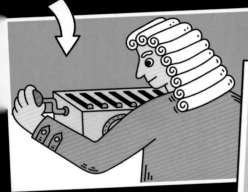

紧接着，德国的一位数学家莱布尼茨研制了一台能进行乘法运算的机械式计算器，人们可以直接利用工具进行计算。

电子计算工具

上面的按键都是什么？

这些按键中有数字键、符号键，我们只要按下相应的按键就可以得到计算结果。

随着电力工具的发明，电子计算器终于面世啦！计算器是人们发明的可以进行数字运算的电子机器。

爱吵架的 "三兄弟"

平均数、中位数、众数"三兄弟"都擅长从一组数字中找出最有代表性的数字。但是它们都觉得自己才是最重要的，为此还吵了起来。

中位数就是一组数字按照大小顺序排列，处于中间位置的那个数字。

¥1

¥3

¥5

¥12

我反映出来的信息最充分，可以体现一组数字的一般水平。

平均数

平均数就是将一组数字中的所有数字加起来，再除以数字总个数的结果。

其他数字都是以我为中心排列的。

去掉最高分97分，去掉最低分80分，这位选手最终得分为89分！

$$(85+88+94)÷3$$
$$=89$$

考完试以后，老师们往往会统计全班成绩的平均数。

在大型比赛中，选手的最终得分通常是评委评分的平均数。

85

负数的大小与正数正好相反，正数中，数字部分越大，它的值就越大；而负数中，数字部分越大，它的值就越小。

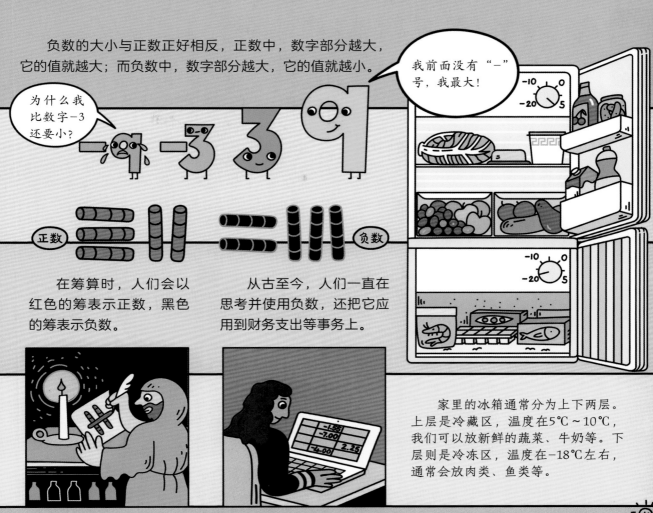

在筹算时，人们会以红色的筹表示正数，黑色的筹表示负数。

从古至今，人们一直在思考并使用负数，还把它应用到财务支出等事务上。

家里的冰箱通常分为上下两层。上层是冷藏区，温度在5℃～10℃，我们可以放新鲜的蔬菜、牛奶等。下层则是冷冻区，温度在−18℃左右，通常会放肉类、鱼类等。

在南极，最低温度曾达到过约−90℃，只有企鹅等生物能生活在那里。

在气候温暖的地方，气温常年在20℃～30℃。

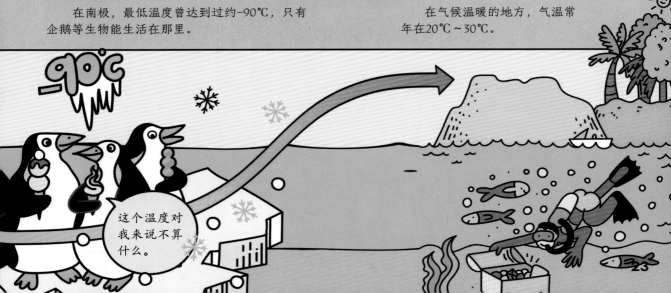

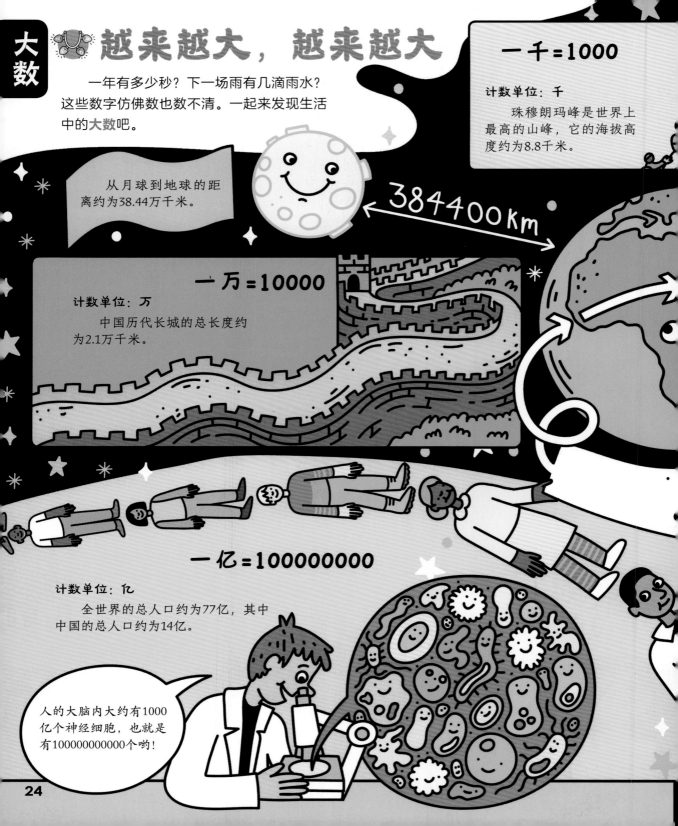

越来越大，越来越大

一年有多少秒？下一场雨有几滴雨水？这些数字仿佛数也数不清。一起来发现生活中的**大数**吧。

一千 = 1000

计数单位：千

珠穆朗玛峰是世界上最高的山峰，它的海拔高度约为8.8千米。

从月球到地球的距离约为38.44万千米。

384400km

一万 = 10000

计数单位：万

中国历代长城的总长度约为2.1万千米。

一亿 = 100000000

计数单位：亿

全世界的总人口约为77亿，其中中国的总人口约为14亿。

人的大脑内大约有1000亿个神经细胞，也就是有100000000000个哟！

从地球到太阳的平均距离约为1.5亿千米，约为1天文单位。

150 000 000 km

但是，生活中有些数字实在是太、太、太大了，是人们根本无法想象出来的数字，数也数不清。

一兆 = 1000000000000

计数单位：兆

光在真空中一年内传播的距离叫作1光年，大概为9.4兆千米。

科学家们发明出了一个数学符号"∞"，这个符号叫作**无穷大**，它不是指一个具体的数字，而是代表无法穷尽、接近极限的概念。

空气中的灰尘颗粒数有多少？

宇宙中星星的数量是多少？

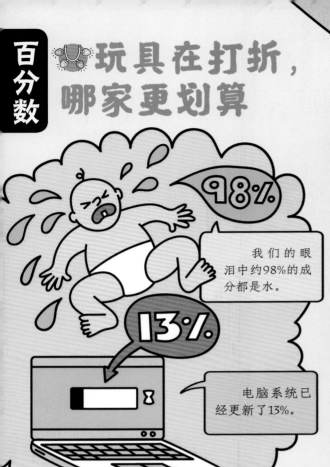

百分数

玩具在打折，哪家更划算

我们的眼泪中约98%的成分都是水。

98%

13%

电脑系统已经更新了13%。

过节了，玩具店里的玩具正在打折，比利想买一辆玩具车来送给他的好朋友。

星星 玩具店

全场六折！
40% Off

降价40%，相当于按原价的60%售卖。

¥30

100%是代表全部的意思。

所有人都举起了手。

100%

0%是表示0的意思，代表什么都没有。

没有一个人举手。

0%

百分数也叫作百分率或百分比，是一种表示两个数量比值的形式。通常在数字后面加上百分号"%"来表示。我们在生活中，尤其是商场里，可以看到这种数字表达。

全场五折！
50% OFF

降价50%相当于按原价的一半售卖。

看来小熊玩具店的折扣更优惠。

全场七折！
30% OFF

降价30%，相当于按原价的70%售卖。

有时候百分数可以大于100%。

150%

这个月的草莓产量是上个月的150%。

百分数可以转化为小数和分数。

百分数变成小数的方法：去掉百分号，把小数点向左移动两位。

10% ➡ 0.1

百分数变成分数的方法：把百分号变为分母是100的分数，再约分为最简分数。

10% ➡ 10/100 ➡ 1/10

数字也要排排队

数列是一组按一定次序排列的数字。这些数字之间有一种神奇的规律，我们只要记住这个规律，就可以推断出下一个数字了。

等差数列从第2个数字开始，每一个数字与它的前一个数字的差都相同。

这是爸爸每隔12年拍摄一次的照片。

12, 24, 36

我们之间都相差12。

除了等差数列和等比数列，还有一些存在一定特殊规律的数列。

这串数列从第3个数字开始，每个数字与前一个数字的差，都比前一个数字与往前数第二个数字的差多2。

3 5 7 9 11 13

1, 4, 9, 16, 25, 36, 49

比利和爸爸妈妈在剧院看了一场最新演出的话剧。细心的比利发现座位号之间都相差2。

话剧就要开始啦，我们的座位在这一排。

我们是等差数列。

比利，你快来看，这朵花的形状好奇特！

等比数列从第2个数字起，每一个数字与它的前一个数字的比都相同。

把这张纸一直对折，纸上会出现多少个小格子呢？

爸爸坐3号，妈妈坐5号，我坐7号。

每一个数字都比前一个数字大2，猜猜下一个数字是多少呢？

这朵花的种子数是13，让我想起了斐波那契数列。

我们是等比数列，除了数字1，每一个数字都是前一个数字的2倍。

斐波那契数列

斐波那契数列中最开始的数字是1和1，之后每一个数字都是前两个数字之和。自然界中很多现象的数列规律都符合斐波那契数列。

29

神秘的X先生

在数学王国中，有一位神奇的"侦探"，它总能帮助数字侦破各种案件。

未知数是需要经过运算才能确定的数字。我们常常用符号"x"来表示未知数，将它用在公式中来帮助我们解决问题。

你好！我叫x先生，来自数学王国，大家都叫我未知数。

这是数学王国中的"等式跷跷板"。每个坐上去的数字和符号，都必须保持两边平衡。

"等式跷跷板"上经常会出现数字"失踪"的事件，为了查明真相，我就要肩负起我的职责，一边替代它们的位置，一边寻找它们的踪迹。

大约3600年前，古埃及人就在纸莎草上写下了含有未知数的数学问题。

方程是含有未知数的等式。

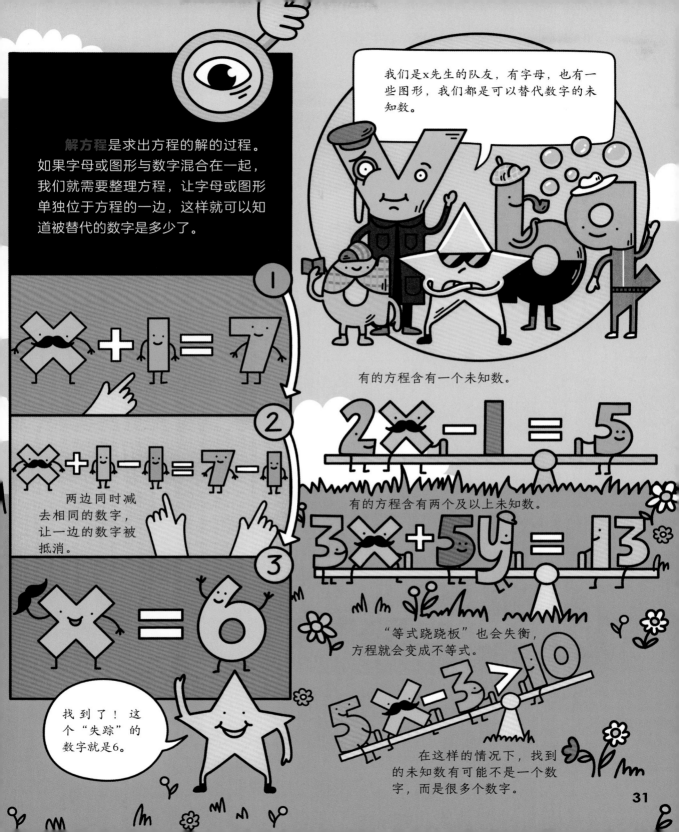

解方程是求出方程的解的过程。如果字母或图形与数字混合在一起，我们就需要整理方程，让字母或图形单独位于方程的一边，这样就可以知道被替代的数字是多少了。

我们是x先生的队友，有字母，也有一些图形，我们都是可以替代数字的未知数。

有的方程含有一个未知数。

两边同时减去相同的数字，让一边的数字被抵消。

有的方程含有两个及以上未知数。

"等式跷跷板"也会失衡，方程就会变成不等式。

找到了！这个"失踪"的数字就是6。

在这样的情况下，找到的未知数有可能不是一个数字，而是很多个数字。

让分类带带化

"丁零零"，体育课开始了，在操场上玩耍的比利和同学们赶快集合到一起。

分类在我们的生活中十分重要。这是一种根据事物的性质、用途等标准，把具有共同特点的事物归总到一起的方法。有了分类，我们就可以快速提取事物中的相关信息。

比利和同学们根据选择的运动种类不同而被分为了打篮球组、跳绳组和踢毽子组。

今天我们分小组活动，大家可以根据自己的爱好，从打篮球、跳绳、踢毽子中选一个项目进行活动。

打篮球组

跳绳组

踢毽子组

如果水果是一个类别，那么我们可以把桃子分类到水果中，但蘑菇却不属于水果这个类别。

我不是水果。

在远古时代，人们为了分配和管理猎物，会在石头上标记简单的符号，用来记录和区分不同的猎物，这就是分类的萌芽。

人们还发明了交叉分类法、树状分类法等不同的分类方法。

在城市里，每天会产生很多垃圾，做好垃圾分类可以节约很多资源。

厨余垃圾　可回收垃圾　其他垃圾　有害垃圾

这些动物可以按照很多不同的标准进行分类。如，足的数量、生活习性等。

分类的方式多种多样，我们可以按照颜色、形状等不同的标准进行分类，也会从中得到不同的分类结果。

不能在水中生活

0　无足

2　双足

4　四足

能在水中生活

33

神奇的统计

比利和同学们下周就要去郊游了，他们需要决定出郊游的目的地。

统计就是把各种事情的相关数据收集起来，从中发现更多的信息和规律。

统计的第一步是**收集数据**，可以通过投票、填写调查问卷等方式公平又快速地得到统计数据。

为了让结果更公平，同学们选择用投票的方式决定目的地。

可是每个人想去的地方都不一样，要怎么统计呢？

公园

爬山

动物园

水上乐园

画"正"字是一种常用的计票方法。

公园	水上乐园	爬山	动物园
6	10	4	8

我们可以把投票结果做成一张表格，让结果看起来更清楚。

调查问卷也经常被写在一张表格里，能够方便地记录答案。

统计的第二步是**分析数据**，收集的数据需要被分析和展示出来，这时候就需要图表登场了。有很多不同类型的图表能够被运用到统计中。

近日当地气温波动较大，但总体呈上升趋势。

折线统计图

折线统计图中有一条曲折的折线。当我们需要清楚展示数量的变化时，我们可以用到折线统计图。

天气预报在播报不同地区的降水量时经常会用到条形统计图。

条形统计图

条形统计图中有很多长短不同的直条，从条形统计图中能很容易看出各种数量的多少，并在不同的数据之间进行比较。

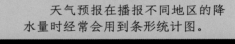

扇形统计图

扇形统计图也叫饼状图，它的形状就像一张饼，可以比较各部分与总量的关系。扇区部分越大，代表的数据越多。

同学们把表格里的数据制成了扇形统计图，发现水上乐园的占比最大。

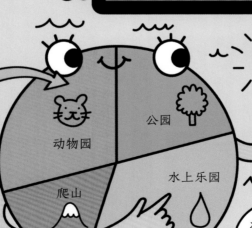

动物园

公园

水上乐园

爬山

决定了！本次郊游活动的目的地是水上乐园！

这件事可能发生吗

在生活中，有些事情一定会发生，有些事情可能会发生，而有些事情却一定不会发生。概率可以表示这些事情发生的可能性。

可能会发生，也可能不会发生的事件叫作**随机事件**。

不可能发生

不太可能发生

任何事件发生的概率都可以用0到1之间的数字表示，它可以是小数、分数或者是百分数。

快放我回地面上！

一件事情一定不会发生，就是**不可能事件**，概率为0。

长颈鹿会飞的概率为0。

沙漠不太可能会下雨。

纸牌抽到梅花的可能性较小。

掷骰子时，单数朝上和双数朝上的概率分别为50%，这就是**等可能事件**。

一定会发生的事件叫作**必然事件**，概率为1（100%）。

很有可能发生

一定会发生

概率还可以帮助我们预测很多事情，天气预报说明天很有可能下雨，因此明天出门最好要带上雨伞哟！

超市里的数学

周末了，比利和妈妈一起来到超市采购下周的食材，超市里的商品琳琅满目，优惠活动也非常多。没想到超市里也隐藏着很多数学知识，实在是太好玩了！

在一些食物的包装盒上可以看到百分号，它们用来标明营养成分。

这种饮料糖分更少些。

商品的包装都有不同的规格，有时候规格越大性价比越高。

超市里的每一个商品旁都标有价格。

我们要抓紧时间了！

蔬菜打七折了！

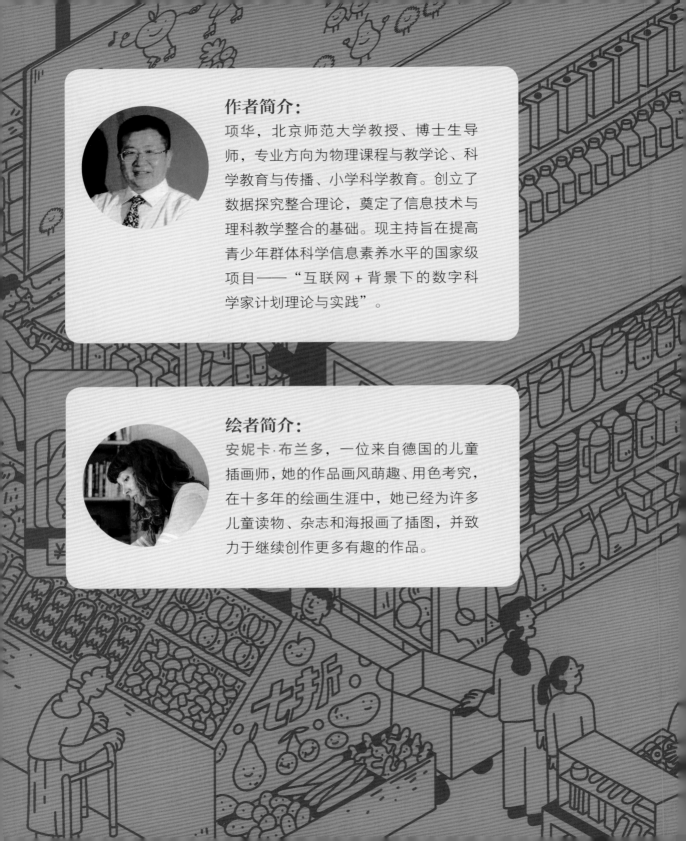

作者简介：

项华，北京师范大学教授、博士生导师，专业方向为物理课程与教学论、科学教育与传播、小学科学教育。创立了数据探究整合理论，奠定了信息技术与理科教学整合的基础。现主持旨在提高青少年群体科学信息素养水平的国家级项目——"互联网＋背景下的数字科学家计划理论与实践"。

绘者简介：

安妮卡·布兰多，一位来自德国的儿童插画师，她的作品画风萌趣、用色考究，在十多年的绘画生涯中，她已经为许多儿童读物、杂志和海报画了插图，并致力于继续创作更多有趣的作品。